Puja Acharya

Instrumentação inteligente: Melhorar os sistemas modernos

Puja Acharya

Instrumentação inteligente: Melhorar os sistemas modernos

ScienciaScripts

Imprint

Any brand names and product names mentioned in this book are subject to trademark, brand or patent protection and are trademarks or registered trademarks of their respective holders. The use of brand names, product names, common names, trade names, product descriptions etc. even without a particular marking in this work is in no way to be construed to mean that such names may be regarded as unrestricted in respect of trademark and brand protection legislation and could thus be used by anyone.

Cover image: www.ingimage.com

This book is a translation from the original published under ISBN 978-620-7-81037-6.

Publisher:
Sciencia Scripts
is a trademark of
Dodo Books Indian Ocean Ltd. and OmniScriptum S.R.L publishing group

120 High Road, East Finchley, London, N2 9ED, United Kingdom
Str. Armeneasca 28/1, office 1, Chisinau MD-2012, Republic of Moldova, Europe
Printed at: see last page
ISBN: 978-620-8-03456-6

Prefácio

Bem-vindo à *Instrumentação Inteligente: Melhorar os Sistemas Modernos com Precisão e Perceção*. Este livro explora o fascinante mundo dos sistemas de instrumentação inteligente, as suas aplicações em várias indústrias e domínios de investigação, e o impacto transformador que têm na tecnologia e na sociedade.

A instrumentação inteligente refere-se a sistemas avançados equipados com sensores, actuadores e capacidades sofisticadas de processamento de dados. Estes sistemas não só monitorizam e medem quantidades físicas com elevada precisão, como também analisam dados em tempo real para tomar decisões informadas e otimizar processos. Desde a automação industrial e os cuidados de saúde até à monitorização ambiental e à indústria aeroespacial, a instrumentação inteligente desempenha um papel fundamental no aumento da eficiência, precisão e fiabilidade em diversas aplicações.

Índice

Capítulo 1: Introdução à Instrumentação Inteligente

1.1. Definição e âmbito de aplicação

A instrumentação inteligente refere-se a sistemas de medição avançados que incorporam não só as capacidades de deteção tradicionais, mas também funcionalidades melhoradas de processamento de dados, tomada de decisões e comunicação. Ao contrário dos instrumentos convencionais que se limitam a registar e apresentar dados, os instrumentos inteligentes podem analisar os dados, tomar decisões autónomas e comunicar os resultados a outros sistemas ou utilizadores. Esta capacidade transforma-os de colectores de dados passivos em participantes activos nos processos de controlo e monitorização.

O âmbito da instrumentação inteligente é vasto, abrangendo vários campos como a automação industrial, os cuidados de saúde, a monitorização ambiental, os sistemas automóveis, entre outros. Estes instrumentos desempenham um papel crítico na tecnologia moderna, onde a precisão, a eficiência e a tomada de decisões em tempo real são fundamentais.

1.2. Evolução histórica

A passagem da instrumentação tradicional para a instrumentação inteligente é marcada por vários marcos tecnológicos:

1.2.1. Instrumentos antigos:

Os instrumentos mais antigos eram dispositivos mecânicos simples concebidos para medir grandezas físicas como o comprimento, o peso e a temperatura. Exemplos disso são o termómetro, inventado no início do século XVII, e o barómetro, desenvolvido por Evangelista Torricelli em 1643. Estes dispositivos eram inteiramente mecânicos e forneciam leituras diretas sem qualquer forma de processamento de dados.

1.2.2. Instrumentos eléctricos e electrónicos:

Os séculos XIX e XX assistiram ao aparecimento de instrumentos eléctricos e electrónicos, que permitiram medições mais precisas e variadas. A invenção do galvanómetro, no início do século XIX, permitiu a medição da corrente eléctrica. Mais tarde, o desenvolvimento do osciloscópio no século XX revolucionou a forma como os sinais eléctricos eram visualizados e analisados.

1.2.3. A revolução digital:

A introdução da eletrónica digital em meados do século XX marcou um salto significativo. Os instrumentos digitais ofereceram maior exatidão, repetibilidade e a capacidade de processar e armazenar grandes quantidades de dados. O desenvolvimento de microprocessadores e circuitos integrados nas décadas de 1970 e 1980 melhorou ainda mais as capacidades dos sistemas de instrumentação, permitindo-lhes efetuar cálculos complexos e interagir com computadores.

1.2.4. Emergência de instrumentos inteligentes:

O conceito de instrumentação inteligente surgiu no final do século XX, impulsionado pelos avanços da microeletrónica, da engenharia de software e das tecnologias de comunicação. Estes sistemas integravam sensores, microcontroladores e algoritmos de software para efetuar análises de dados em tempo real e tomar decisões. A proliferação da Internet das Coisas (IoT) no século XXI acelerou ainda mais o desenvolvimento de instrumentos inteligentes, permitindo-lhes ligar-se e comunicar através de redes, partilhar dados e colaborar com outros sistemas.

1.3. Componentes-chave da instrumentação inteligente

Para compreender o que torna a instrumentação "inteligente", é essencial explorar os seus principais componentes:

1.3.1. Sensores:

Os sensores são os principais elementos que detectam e medem fenómenos físicos. Os sensores modernos são altamente sofisticados, capazes de detetar uma vasta gama de variáveis, como a temperatura, a pressão, a humidade, a composição química e o movimento. Os avanços na tecnologia dos sensores, incluindo o desenvolvimento de sistemas microelectromecânicos (MEMS) e da nanotecnologia, aumentaram significativamente a sua sensibilidade, precisão e miniaturização.

1.3.2. Sistemas de aquisição de dados:

Os sistemas de aquisição de dados (DAS) convertem os sinais analógicos dos sensores em dados digitais que podem ser processados por um computador ou microcontrolador. Estes sistemas incluem conversores analógico-digitais (ADC), circuitos de condicionamento de sinal e interfaces para armazenamento e comunicação de dados. A qualidade da aquisição de dados é crucial para a precisão e fiabilidade dos instrumentos inteligentes.

1.3.3. Microcontroladores e processadores:

Os microcontroladores e os processadores são o cérebro dos instrumentos inteligentes. Executam algoritmos de software para processar os dados adquiridos, efetuar cálculos e tomar decisões com base em critérios predefinidos. Os microcontroladores modernos estão equipados com um elevado poder de processamento, memória e interfaces periféricas, o que lhes permite realizar tarefas complexas em tempo real.

1.3.4. Algoritmos de software:

Os algoritmos de software desempenham um papel fundamental na transformação de dados brutos em informações significativas. Estes algoritmos incluem filtragem de dados, redução de ruído, processamento de sinais, reconhecimento de padrões e técnicas de aprendizagem automática. Os instrumentos inteligentes utilizam frequentemente algoritmos adaptativos que podem aprender com os dados e melhorar o seu desempenho ao longo do tempo.

1.3.5. Interfaces de comunicação:

As interfaces de comunicação permitem que os instrumentos inteligentes interajam com outros sistemas e utilizadores. Estas interfaces incluem tecnologias de comunicação com fios (p. ex., Ethernet, USB) e sem fios (p. ex., Wi-Fi, Bluetooth, Zigbee). No contexto da IdC, os instrumentos inteligentes estão frequentemente equipados com conetividade de rede para partilhar dados com plataformas de nuvem e outros dispositivos.

1.4. Importância e impacto em vários sectores

A instrumentação inteligente tem um impacto profundo em vários sectores, melhorando a eficiência, a precisão e a funcionalidade. Seguem-se alguns dos principais sectores em que a instrumentação inteligente desempenha um papel crucial:

1.4.1. Automação industrial:

Em ambientes industriais, a instrumentação inteligente é utilizada para controlo de processos, garantia de qualidade e manutenção preditiva. Estes sistemas monitorizam parâmetros como a temperatura, a pressão, o caudal e a vibração em tempo real, permitindo o controlo automático e a deteção precoce de falhas. Isto resulta num aumento da produtividade, redução do tempo de inatividade e melhoria da segurança.

1.4.2. Cuidados de saúde:

Nos cuidados de saúde, os instrumentos inteligentes são utilizados para a monitorização de doentes, diagnóstico por imagem e análises laboratoriais. Por exemplo, os dispositivos portáteis equipados com sensores inteligentes podem monitorizar continuamente os sinais vitais, como o ritmo cardíaco, a tensão arterial e os níveis de glucose, fornecendo dados valiosos para cuidados médicos personalizados. Os sistemas de imagiologia inteligentes, como os scanners de ressonância magnética e de tomografia computorizada, utilizam algoritmos avançados para melhorar a qualidade da imagem e ajudar a efetuar um diagnóstico preciso.

1.4.3. Monitorização ambiental:

A instrumentação inteligente é essencial para monitorizar parâmetros ambientais, como a qualidade do ar, a qualidade da água e as condições do solo. Estes sistemas fornecem dados em tempo real para o controlo da poluição, a gestão de recursos e a prevenção de catástrofes. Por exemplo, os monitores inteligentes da qualidade do ar podem detetar poluentes nocivos e emitir alertas para reduzir os riscos para a saúde.

1.4.4. Sistemas automóveis:

Na indústria automóvel, a instrumentação inteligente é utilizada em sistemas avançados de assistência ao condutor (ADAS), gestão de motores e diagnóstico de veículos. Estes sistemas melhoram a segurança, o desempenho e a eficiência dos veículos. Por exemplo, os sensores inteligentes nos ADAS podem detetar obstáculos, monitorizar as posições na faixa de rodagem e ajudar no estacionamento, reduzindo o risco de acidentes.

1.4.5. Casas e edifícios inteligentes:

Os instrumentos inteligentes são parte integrante dos sistemas de automação de casas e edifícios inteligentes. Monitorizam e controlam a iluminação, o aquecimento, a ventilação e os sistemas de segurança, optimizando a utilização de energia e aumentando o conforto e a segurança. Os termóstatos inteligentes, por exemplo, utilizam algoritmos inteligentes para aprender as preferências do utilizador e ajustar as definições de temperatura em conformidade.

1.4.6. Agricultura:

Na agricultura, a instrumentação inteligente apoia as práticas agrícolas de precisão. Os sensores e drones equipados com instrumentos inteligentes monitorizam a humidade do solo, os níveis de nutrientes e a saúde das culturas. Estes dados permitem que os agricultores tomem decisões informadas sobre irrigação, fertilização e controlo de pragas, levando a maiores rendimentos e práticas agrícolas sustentáveis.

1.5. Principais caraterísticas da instrumentação inteligente

Os sistemas de instrumentação inteligente possuem várias caraterísticas-chave que os distinguem dos instrumentos tradicionais:

1.5.1. Processamento de dados em tempo real:

Uma das caraterísticas mais significativas dos instrumentos inteligentes é a sua capacidade de processar dados em tempo real. Isto permite a análise e a tomada de decisões imediatas, o que é crucial em aplicações em que são necessárias respostas atempadas, como a monitorização médica e o controlo industrial.

1.5.2. Aprendizagem adaptativa e auto-calibração:

Os instrumentos inteligentes incluem frequentemente algoritmos adaptativos que podem aprender com os dados e melhorar o seu desempenho ao longo do tempo. As capacidades de auto-calibração permitem que estes instrumentos ajustem os seus parâmetros automaticamente, garantindo precisão e fiabilidade sem intervenção manual.

1.5.3. Funcionamento autónomo:

A autonomia é uma caraterística que define a instrumentação inteligente. Estes sistemas podem funcionar de forma independente, tomando decisões e acções com base nos dados que recolhem. Isto reduz a necessidade de supervisão e intervenção humana, aumentando a eficiência e reduzindo o potencial de erros.

1.5.4. Conectividade e comunicação:

A capacidade de ligar e comunicar com outros dispositivos e sistemas é crucial para os instrumentos inteligentes. Incluem frequentemente múltiplas interfaces de comunicação e suportam vários protocolos para garantir uma integração perfeita em redes maiores, como sistemas de controlo industrial ou ecossistemas IoT.

1.5.5. Interfaces de utilizador melhoradas:

Os instrumentos inteligentes estão equipados com interfaces de utilizador avançadas que proporcionam uma interação intuitiva e a visualização de dados. Ecrãs tácteis, ecrãs gráficos e comandos de voz são caraterísticas comuns, tornando estes instrumentos fáceis de utilizar e acessíveis.

1.6. Desafios e perspectivas futuras

Apesar das inúmeras vantagens e aplicações da instrumentação inteligente, há vários desafios que precisam de ser enfrentados:

1.6.1. Desafios técnicos:

O desenvolvimento de instrumentos inteligentes implica uma integração complexa de componentes de hardware e software. Garantir a precisão, fiabilidade e robustez destes sistemas é um desafio técnico significativo. Além disso, a necessidade de processamento em tempo real e de baixo consumo de energia exige uma conceção e otimização eficientes.

1.6.2. Segurança e privacidade dos dados:

Com o aumento da conetividade dos instrumentos inteligentes, a segurança e a privacidade dos dados tornam-se preocupações críticas. A proteção dos dados sensíveis contra o acesso não autorizado e a garantia de canais de comunicação seguros são essenciais para manter a confiança e a conformidade com os regulamentos.

1.6.3. Normalização e interoperabilidade:

A falta de protocolos e interfaces normalizados pode dificultar a integração de instrumentos inteligentes em sistemas maiores. O desenvolvimento e a adoção de normas industriais são cruciais para garantir a interoperabilidade e a comunicação sem falhas entre dispositivos de diferentes fabricantes.

1.6.4. Custo e acessibilidade:

A tecnologia avançada utilizada nos instrumentos inteligentes pode torná-los dispendiosos, limitando a sua acessibilidade, especialmente nas regiões em desenvolvimento ou em aplicações de pequena escala. Reduzir os custos e aumentar a acessibilidade sem comprometer o desempenho é um desafio permanente.

1.6.5. Implicações éticas e sociais:

A utilização generalizada de instrumentos inteligentes levanta questões éticas e sociais, como o impacto no emprego, as preocupações com a privacidade e o potencial de utilização indevida. A abordagem destas questões exige uma análise cuidadosa e o desenvolvimento de políticas e diretrizes adequadas.

Perspectivas futuras:

O futuro da instrumentação inteligente é promissor, com avanços em curso em várias áreas:

1.6.6. Tecnologias avançadas de deteção:

As tecnologias de deteção emergentes, como os sensores quânticos e os biossensores, reforçarão as capacidades dos instrumentos inteligentes, permitindo novas aplicações e melhorando as existentes.

1.6.7. Inteligência artificial e aprendizagem automática:

A integração de algoritmos de IA e de aprendizagem automática mais sofisticados reforçará ainda mais as capacidades de tomada de decisões dos instrumentos inteligentes, permitindo previsões mais exactas e comportamentos adaptativos.

1.6.8. IoT e computação de ponta:

O crescimento contínuo da IoT e da computação periférica permitirá a implantação de mais instrumentos inteligentes em redes distribuídas, fornecendo processamento e análise de dados em tempo real na fonte de geração de dados.

1.6.9. Captação de energia:

Os avanços nas tecnologias de recolha de energia reduzirão a dependência das baterias, permitindo um funcionamento mais sustentável e sem manutenção dos instrumentos inteligentes.

Conclusão: O campo da instrumentação inteligente está na vanguarda da inovação tecnológica, transformando os sistemas de medição tradicionais em entidades dinâmicas, autónomas e interligadas. Ao compreender a evolução, os componentes e as aplicações dos instrumentos inteligentes, podemos apreciar o seu impacto em vários sectores e os desafios que temos pela frente. À medida que a tecnologia continua a avançar, a instrumentação inteligente desempenhará um papel cada vez mais vital na definição do futuro da indústria, dos cuidados de saúde, da monitorização ambiental e muito mais.

Capítulo 2: Componentes fundamentais e arquitetura

2.1. Sensores: A linha da frente da recolha de dados

Os sensores são os componentes críticos de qualquer sistema de instrumentação, responsáveis pela deteção e medição de fenómenos físicos. Convertem estas quantidades físicas em sinais que podem ser interpretados por sistemas electrónicos. Os sensores modernos são altamente sofisticados, oferecendo medições precisas, exactas e fiáveis.

2.1.1. Tipos de sensores:

- **Sensores de temperatura:**

  i. **Termopares:** Geram uma tensão proporcional às diferenças de temperatura entre duas junções.

  ii. **Detectores de temperatura de resistência (RTDs):** Alteram a resistência com a temperatura; conhecidos pela sua elevada exatidão.

  iii. **Termístores:** Sensores resistivos com uma elevada sensibilidade às alterações de temperatura.

- **Sensores de pressão:**

  i. **Sensores de pressão de strain gauge:** Utilizar extensómetros para medir a deformação causada pela pressão.

  ii. **Sensores de pressão capacitivos:** Medem as alterações na capacitância devido à deslocação induzida pela pressão.

  iii. **Sensores de pressão piezoeléctricos:** Geram uma carga eléctrica em resposta à pressão aplicada   pressão aplicada.

- **Sensores de caudal:**

  i. **Medidores de caudal electromagnéticos:** Medem o fluxo de fluidos utilizando indução electromagnética.

  ii. **Medidores de caudal ultra-sónicos:** Utilizam ondas de ultra-sons para determinar o caudal.

iii. **Medidores de caudal de turbina:** Utilizam uma turbina rotativa dentro do fluxo do caudal para medir a velocidade.

- **Sensores de posição e movimento:**

  i. **Acelerómetros:** Medem as forças de aceleração, fornecendo dados sobre o movimento e a orientação.
  ii. **Giroscópios:** Medem o movimento de rotação e a orientação.
  iii. **Transformadores diferenciais variáveis lineares (LVDTs):** Medem o deslocamento linear.

- **Sensores químicos:**
  i. **Sensores electroquímicos:** Detectam compostos químicos específicos através de reacções electroquímicas.
  ii. **Sensores ópticos:** Utilizam a absorção, reflexão ou emissão de luz para identificar substâncias químicas.
- **Sensores ambientais:**

  i. **Sensores de humidade:** Medem o teor de humidade no ar utilizando elementos capacitivos ou resistivos.
  ii. **Sensores de gás:** Detectam gases como CO_2, O_2 e substâncias tóxicas utilizando vários princípios de deteção.

2.1.2. Caraterísticas do sensor:

- **Exatidão e precisão:** A exatidão refere-se à proximidade das medições de um sensor em relação ao valor real. A precisão indica a consistência das medições do sensor quando repetidas sob as mesmas condições.
- **Sensibilidade:** A capacidade de um sensor para detetar pequenas alterações na quantidade medida.
- **Gama:** O intervalo entre os valores mínimo e máximo que um sensor pode medir.
- **Linearidade:** O grau em que o sinal de saída de um sensor é diretamente proporcional à quantidade medida.
- **Tempo de resposta:** O tempo que um sensor leva para responder a uma mudança na quantidade medida.

- **Estabilidade e desvio:** A estabilidade refere-se à capacidade de um sensor para manter a exatidão ao longo do tempo. O desvio é o desvio gradual da saída de um sensor em relação ao valor real ao longo do tempo.

2.2. Sistemas de aquisição de dados (DAS)

Os sistemas de aquisição de dados são essenciais para converter os sinais analógicos dos sensores em dados digitais que podem ser processados por microcontroladores ou computadores. Os DAS incluem uma combinação de componentes de hardware e software concebidos para captar, condicionar, digitalizar e armazenar dados de sensores.

2.2.1. Condicionamento do sinal:

O condicionamento do sinal envolve a modificação da saída do sensor para a tornar adequada ao sistema de   sistema de aquisição de dados. Este processo inclui a amplificação, a filtragem e o isolamento.

- **Amplificação:** Aumenta os sinais de baixo nível do sensor para corresponder à gama de entrada dos ADCs.
- **Filtragem:** Remove o ruído e as frequências indesejadas do sinal do sensor. Os filtros comuns incluem filtros passa-baixo, passa-alto, passa-banda e filtros de entalhe.
- **Isolamento:** Protege o DAS e os sistemas conectados de altas tensões e transientes. Os isoladores ópticos e os transformadores são normalmente utilizados para este fim.

2.2.2. Conversão analógico-digital (ADC):

Os ADCs convertem os sinais analógicos condicionados em dados digitais. Os parâmetros-chave dos ADCs incluem a resolução, a taxa de amostragem e a velocidade de conversão.

- **Resolução:** O número de bits utilizados para representar a saída digital, determinando a precisão da conversão. As resoluções comuns são 8 bits, 12 bits, 16 bits e 24 bits.
- **Taxa de amostragem:** A frequência com que o sinal analógico é amostrado. Taxas de amostragem mais altas fornecem uma representação mais detalhada do sinal.
- **Velocidade de conversão:** O tempo que o ADC demora a concluir o processo de conversão. Os ADCs de alta velocidade são essenciais para aplicações em tempo real.

2.2.3. Armazenamento e comunicação de dados:

Uma vez digitalizados, os dados devem ser armazenados e comunicados a outros sistemas para posterior processamento e análise.

- **Armazenamento de dados:** O armazenamento temporário é frequentemente fornecido por dispositivos de memória como a RAM ou a memória flash. O armazenamento a longo prazo pode envolver bases de dados ou soluções baseadas na nuvem.
- **Interfaces de comunicação:** São utilizadas várias interfaces para a transferência de dados, incluindo USB, Ethernet, RS-232, RS-485, SPI, I2C e tecnologias sem fios como Wi-Fi e Bluetooth.

2.3. Microcontroladores e processadores

Os microcontroladores e processadores funcionam como unidades centrais de processamento (CPUs) em sistemas de instrumentação inteligentes. Executam algoritmos de software para processar dados de sensores, tomar decisões e controlar actuadores.

2.3.1. Noções básicas de microcontroladores:

Os microcontroladores são circuitos integrados que contêm uma CPU, memória e interfaces periféricas. São concebidos para aplicações incorporadas e caracterizam-se por um baixo consumo de energia, dimensões reduzidas e uma boa relação custo-eficácia.

- **CPU:** O núcleo do microcontrolador que efectua cálculos e controla outros componentes.
- **Memória:** Inclui ROM (Read-Only Memory) para armazenamento de firmware, RAM (Random Access Memory) para armazenamento temporário de dados e EEPROM (Electrically Erasable Programmable Read-Only Memory) para armazenamento não volátil.
- **Interfaces periféricas:** Permitem a comunicação com dispositivos externos, como sensores, actuadores e outros microcontroladores. As interfaces comuns incluem GPIO (General Purpose Input/Output), UART (Universal Asynchronous Receiver-Transmitter) e ADC/DAC (Digital-to-Analog Converter).

2.3.2. Processadores avançados:

Para aplicações mais complexas e exigentes, são utilizados processadores avançados, como os processadores de sinais digitais (DSP), as matrizes de portas programáveis em campo (FPGA) e os sistemas em pastilhas (SoC).

- **Processadores de sinais digitais (DSPs):** Especializados para processamento numérico de alta velocidade, normalmente utilizados em aplicações de processamento de sinais.
- **Matrizes de portas programáveis em campo (FPGAs):** Oferecem hardware reconfigurável, permitindo a implementação de circuitos digitais personalizados.
- **Sistemas em pastilhas (SoCs):** Integram todos os componentes de um computador ou de outros sistemas electrónicos numa única pastilha, proporcionando um elevado desempenho e um baixo consumo de energia.

2.3.3. Sistemas operativos em tempo real (RTOS):

Os sistemas de instrumentação inteligente requerem frequentemente um processamento em tempo real para cumprir restrições de tempo rigorosas. Os RTOS são utilizados para gerir os recursos de hardware e assegurar que as tarefas são executadas dentro de limites de tempo especificados.

- **Agendamento de tarefas:** O RTOS prioriza e agenda as tarefas com base na sua urgência e importância.
- **Comunicação entre tarefas:** Mecanismos como filas de mensagens, semáforos e mutexes facilitam a comunicação e a sincronização entre tarefas.
- **Tratamento de Interrupções:** Os RTOS tratam as interrupções de forma eficiente, assegurando que os eventos críticos são processados prontamente.

2.4. Algoritmos de software

Os algoritmos de software estão no centro da instrumentação inteligente, transformando dados brutos em informações acionáveis. Estes algoritmos vão desde técnicas básicas de processamento de sinais até modelos avançados de aprendizagem automática.

2.4.1. Algoritmos de processamento de sinais:

O processamento de sinais envolve a análise e manipulação de dados de sensores para extrair informações úteis.

- **Filtragem:** Remove o ruído e os componentes indesejados do sinal. As técnicas mais comuns incluem a média móvel, a filtragem mediana e os filtros digitais (FIR, IIR).
- **Transformada de Fourier:** Converte sinais no domínio do tempo para o domínio da frequência, permitindo a análise de frequência dos dados.
- **Transformada Wavelet:** Fornece representação tempo-frequência, útil para analisar sinais não estacionários.
- **Decimação e interpolação:** Técnicas para reduzir e aumentar a amostragem de sinais, respetivamente.

2.4.2. Reconhecimento e classificação de padrões:

Estes algoritmos identificam padrões nos dados e classificam-nos em categorias predefinidas.   categorias predefinidas.

- **Correspondência de modelos:** Compara o sinal de entrada com os modelos armazenados para encontrar a melhor correspondência.
- **Métodos estatísticos:** Técnicas como a Análise de Componentes Principais (PCA) e a Análise Discriminante Linear (LDA) reduzem a dimensionalidade e melhoram o reconhecimento de padrões.
- **Aprendizagem automática:** Algoritmos como Support Vetor Machines (SVM), k-Nearest Neighbours (k-NN) e Neural Networks (NN) aprendem com os dados para classificar padrões.

2.4.3. Aprendizagem automática e inteligência artificial:

Os algoritmos de aprendizagem automática e de IA permitem que os instrumentos inteligentes aprendam com os dados, se adaptem às condições em mudança e melhorem o seu desempenho ao longo do tempo.

- **Aprendizagem supervisionada:** Os algoritmos são treinados em dados rotulados para prever resultados para novas entradas. Os exemplos incluem regressão, classificação e previsão de séries cronológicas.

- **Aprendizagem não supervisionada:** Os algoritmos identificam padrões em dados não rotulados. Os exemplos incluem o agrupamento (k-means, agrupamento hierárquico) e a redução da dimensionalidade (t-SNE, PCA).

- **Aprendizagem por reforço:** Os algoritmos aprendem acções óptimas através de tentativa e erro, recebendo feedback do ambiente.

- **Aprendizagem profunda:** Utiliza redes neuronais multicamadas (por exemplo, redes neuronais convolucionais, redes neuronais recorrentes) para tarefas complexas de reconhecimento de padrões, como o reconhecimento de imagens e de voz.

2.4.4. Fusão de dados:

A fusão de dados combina dados de vários sensores para fornecer uma representação mais precisa e abrangente do fenómeno medido.

- **Técnicas de fusão de sensores:** Incluir filtragem de Kalman, redes Bayesianas e teoria de Dempster-Shafer.

- **Integração de dados multi-sensor:** Integra dados de diversos sensores para melhorar a fiabilidade e a precisão.

2.5. Interfaces de comunicação

As interfaces de comunicação permitem que os instrumentos inteligentes troquem dados com outros dispositivos, sistemas e utilizadores. A comunicação eficaz é crucial para a integração de instrumentos inteligentes em redes maiores e para a monitorização e controlo remotos.

2.5.1. Comunicação por cabo:

A comunicação por cabo proporciona uma transferência de dados fiável e de alta velocidade através de ligações físicas.

- **Comunicação em série:** Simples e económica, normalmente utilizada para comunicação a curta distância. As normas incluem RS-232, RS-485 e UART.

- **Comunicação paralela:** Transfere vários bits em simultâneo, adequado para a transferência de dados a alta velocidade em distâncias curtas. Normalmente utilizada em interfaces de computadores mais antigos.

- **Ethernet:** Amplamente utilizada em redes locais (LANs), proporcionando uma comunicação fiável e de alta velocidade. Suporta vários protocolos, como TCP/IP e UDP.

- **USB (Universal Serial Bus):** Oferece conetividade plug-and-play e suporta taxas de transferência de dados até vários gigabits por segundo.

2.5.2. Comunicação sem fios:

A comunicação sem fios proporciona flexibilidade e mobilidade, permitindo a transferência de dados   sem ligações físicas.

- **Wi-Fi:** Fornece comunicação sem fios de alta velocidade através de redes locais, normalmente utilizada em dispositivos IoT e de consumo.

- **Bluetooth:** Tecnologia de comunicação sem fios de curto alcance, adequada para ligar periféricos e dispositivos pessoais.

- **Zigbee:** Padrão de comunicação sem fio de baixa potência e baixa taxa de dados, ideal para redes de sensores e automação residencial.

- **LoRaWAN (Long Range Wide Area Network):** Concebida para comunicações de longo alcance e baixo consumo de energia em aplicações IoT.

- **Redes celulares:** Permitir a comunicação em áreas vastas utilizando infra-estruturas de redes móveis (p. ex., 4G, 5G).

2.5.3. Integração da Internet das Coisas (IoT):

Os instrumentos inteligentes fazem frequentemente parte de ecossistemas IoT, ligando-se a plataformas de computação em nuvem e a outros dispositivos para partilha e análise de dados.

- **Protocolos IoT:** Protocolos como o MQTT (Message Queuing Telemetry Transport) e o CoAP (Constrained Application Protocol) são optimizados para a comunicação IoT.

- **Conectividade com a nuvem:** Permite o armazenamento, processamento e visualização remotos de dados, bem como o acesso a serviços avançados de análise e aprendizagem automática.

2.6. Gestão de energia e eficiência energética

A gestão eficaz da energia é crucial para a fiabilidade e longevidade dos instrumentos instrumentos inteligentes, especialmente em aplicações alimentadas por baterias ou de recolha de energia.

2.6.1. Opções de alimentação eléctrica:

- **Alimentação por bateria:** Comum para instrumentos portáteis e remotos. A vida útil da bateria pode ser prolongada através de técnicas de conceção de baixo consumo e de componentes energeticamente eficientes.
- **Captação de energia:** Captura energia de fontes ambientais (por exemplo, solar, térmica, cinética) para alimentar o instrumento. Útil para aplicações em que a substituição da bateria é impraticável.
- **Alimentação externa:** As fontes de alimentação CA ou CC fornecem energia contínua para instrumentos fixos ou de alta potência.

2.6.2. Técnicas de conceção de baixo consumo:

- **Ciclo de trabalho:** Alternância entre os modos ativo e de suspensão para reduzir o consumo de energia.
- **Escalonamento dinâmico de tensão e frequência (DVFS):** Ajustar a tensão e a frequência do processador com base na carga de trabalho para poupar energia.
- **Gotejamento de energia:** Desativação de circuitos não utilizados para minimizar a fuga de energia.

2.6.3. Componentes energeticamente eficientes:

- **Microcontroladores de baixo consumo:** Concebidos especificamente para aplicações com restrições de energia, com caraterísticas como modos de suspensão profunda e periféricos de baixo consumo.
- **Sensores energeticamente eficientes:** Sensores que consomem o mínimo de energia, incorporando frequentemente modos de poupança de energia.
- **ICs de gestão de energia eficiente:** Circuitos integrados que gerem a distribuição e conversão de energia de forma eficiente, minimizando a perda de energia.

Conclusão:

Neste capítulo, explorámos os componentes fundamentais e a arquitetura dos sistemas de instrumentação inteligente. Desde sensores sofisticados e sistemas avançados de aquisição de dados a potentes microcontroladores, processadores e algoritmos de software, cada componente desempenha um papel crucial para permitir que os instrumentos inteligentes executem as suas tarefas de forma eficaz. A integração destes componentes, juntamente com uma gestão eficiente da energia e interfaces de comunicação robustas, resulta em sistemas de instrumentação altamente capazes e adaptáveis. A compreensão destes elementos fundamentais é essencial para a conceção, desenvolvimento e implementação de instrumentos inteligentes que satisfaçam as exigências das aplicações modernas em vários sectores. À medida que continuamos a inovar e a ultrapassar os limites da tecnologia, a arquitetura da instrumentação inteligente irá evoluir, oferecendo novas capacidades e oportunidades de avanço.

Capítulo 3: Processamento de sinais e análise de dados

O processamento de sinais e a análise de dados são parte integrante da funcionalidade da instrumentação inteligente. Estas técnicas transformam dados em bruto em informação significativa, permitindo que os instrumentos inteligentes forneçam medições exactas, tomem decisões informadas e executem tarefas complexas. Este capítulo analisa as várias técnicas utilizadas para processar e analisar dados recolhidos por instrumentos inteligentes, abrangendo tanto os métodos tradicionais como as abordagens modernas, como a aprendizagem automática e a inteligência artificial.

3.1. Condicionamento e filtragem do sinal

O condicionamento e a filtragem do sinal são os passos iniciais na cadeia de processamento de dados, garantindo que os dados do sensor são exactos e utilizáveis.

3.1.1. Condicionamento do sinal:

O condicionamento do sinal envolve a modificação dos sinais do sensor para os tornar adequados para processamento posterior. Isto pode incluir amplificação, atenuação, linearização e isolamento.

i. **Amplificação:**
   - Os sensores produzem frequentemente sinais de baixo nível que precisam de ser amplificados para corresponder à gama de entrada do sistema de aquisição de dados (DAS). Os amplificadores operacionais (op-amps) são normalmente utilizados para este fim.

ii. **Atenuação:**
   - Nalguns casos, os sinais dos sensores podem ser demasiado fortes e precisam de ser reduzidos. A atenuação envolve a diminuição da amplitude do sinal para um nível controlável.

iii. **Linearização:**
   - Muitos sensores têm respostas não lineares. Os algoritmos de linearização ajustam a saída do sensor para fornecer uma relação linear entre a quantidade medida e a saída do sensor.

iv. **Isolamento:**

- O isolamento elétrico protege o DAS de tensões elevadas e evita circuitos de terra. Para o efeito, são utilizados amplificadores de isolamento e opto-isoladores.

3.1.2. Filtragem:

A filtragem remove ruídos e interferências indesejáveis dos sinais dos sensores. São utilizados vários tipos de filtros, cada um com caraterísticas específicas.

    i. **Filtros passa-baixo:**
- Permite a passagem de sinais com frequências inferiores a uma determinada frequência de corte, atenuando as frequências mais elevadas. Útil para remover ruído de alta frequência.

    ii. **Filtros passa-altas:**
- Permite a passagem de sinais com frequências superiores a uma determinada frequência de corte, atenuando as frequências inferiores. Útil para eliminar ruídos e desvios de baixa frequência.

    iii. **Filtros passa-banda:**
- Permite a passagem de sinais dentro de uma gama de frequências específica, atenuando as frequências fora dessa gama. Útil para isolar sinais de interesse.

    iv. **Filtros de entalhe:**
- Atenuam uma banda estreita de frequências, removendo eficazmente interferências específicas, como o ruído da linha eléctrica (por exemplo, 50 Hz ou 60 Hz).

3.1.3. Filtros digitais:

Os filtros digitais são implementados através de algoritmos e podem ser concebidos para terem caraterísticas específicas.

    i. **Filtros de resposta impulsiva finita (FIR):**
- Têm uma resposta de duração finita a uma entrada impulsiva. São inerentemente estáveis e têm caraterísticas de fase lineares, o que os torna adequados para aplicações que exigem preservação de fase.

    ii. **Filtros de resposta impulsiva infinita (IIR):**

- Têm uma resposta de duração infinita a uma entrada impulsiva. Podem obter o efeito de filtragem pretendido com menos coeficientes em comparação com os filtros FIR, mas podem sofrer de problemas de estabilidade.

iii. **Filtros adaptativos:**

- Ajustam os seus parâmetros em tempo real para se adaptarem às caraterísticas variáveis do sinal. Útil em aplicações em que o ambiente do sinal é dinâmico.

3.2. Fusão e integração de dados

A fusão de dados combina dados de vários sensores para fornecer uma representação mais precisa e abrangente do fenómeno medido. A integração envolve a combinação de dados ao longo do tempo ou de diferentes fontes para melhorar o conteúdo da informação.

3.2.1. Técnicas de fusão de sensores:

As técnicas de fusão de sensores tiram partido dos pontos fortes complementares de diferentes sensores para melhorar a precisão e a fiabilidade das medições.

i. **Filtragem de Kalman:**

- Um algoritmo recursivo ótimo de processamento de dados utilizado para estimar o estado de um sistema dinâmico. Combina medições ruidosas de vários sensores para produzir uma estimativa mais exacta.

ii. **Redes Bayesianas:**

- Modelos probabilísticos que representam as relações entre um conjunto de variáveis. Úteis para raciocinar em situações de incerteza e combinar provas de diferentes fontes.

iii. **Teoria de Dempster-Shafer:**

- Uma teoria matemática de provas que combina provas de diferentes fontes para calcular a probabilidade de um acontecimento.

iv. **Lógica difusa:**

- Um método que lida com a incerteza e a imprecisão, permitindo a associação parcial a conjuntos. Útil para combinar dados qualitativos e quantitativos.

3.2.2. Integração de dados multi-sensor:

A integração de dados de vários sensores pode ser efectuada a diferentes níveis:

i. **Nível de dados:**

   - Os dados brutos de diferentes sensores são combinados. Esta abordagem requer uma sincronização e um alinhamento precisos dos dados.

ii. **Nível de caraterística:**

   - As caraterísticas extraídas dos dados em bruto são combinadas. Esta abordagem reduz a quantidade de dados a processar e pode realçar informações relevantes.

iii. **Nível de decisão:**

   - As decisões ou classificações efectuadas por sensores individuais são combinadas. Esta abordagem é útil quando os sensores individuais fornecem perspectivas diferentes sobre o mesmo fenómeno.

3.2.3. Aplicações da fusão de dados:

i. **Veículos autónomos:**

   - Combine dados de lidar, radar, câmaras e GPS para perceber com precisão o ambiente e navegar em segurança.

ii. **Cuidados de saúde:**

   - Integrar dados de vários sensores biomédicos para monitorizar o estado de saúde dos doentes e diagnosticar doenças.

iii. **Monitorização ambiental:**

   - Combinar dados de estações meteorológicas, imagens de satélite e sensores terrestres para fornecer avaliações ambientais abrangentes.

3.3. Algoritmos de aprendizagem automática

Os algoritmos de aprendizagem automática permitem que os instrumentos inteligentes aprendam com os dados, se adaptem às condições em mudança e melhorem o seu desempenho ao longo do tempo.

3.3.1. Aprendizagem supervisionada:

Na aprendizagem supervisionada, os algoritmos são treinados em dados rotulados para prever resultados para novas entradas.

i. **Regressão Linear:**
   - Modela a relação entre uma variável dependente e uma ou mais variáveis independentes utilizando uma equação linear. Utilizada para prever valores contínuos.

ii. **Regressão logística:**
   - Um algoritmo de classificação que modela a probabilidade de um resultado binário. Útil para tarefas de classificação binária.

iii. **Máquinas de vectores de suporte (SVM):**
   - Encontrar o hiperplano ótimo que separa os dados em diferentes classes. Eficaz para dados de elevada dimensão e tarefas de classificação não lineares.

iv. **Árvores de decisão:**
   - Modelos hierárquicos que tomam decisões com base numa série de perguntas binárias. Fáceis de interpretar e úteis tanto para tarefas de classificação como de regressão.

v. **Florestas aleatórias:**
   - Um conjunto de árvores de decisão que melhora a precisão da previsão calculando a média das previsões de várias árvores.

vi. **Redes Neuronais:**
   - Consistem em camadas interligadas de nós (neurónios) que podem aprender padrões complexos nos dados. Útil para uma vasta gama de aplicações, desde o reconhecimento de imagens à previsão de séries cronológicas.

3.3.2. Aprendizagem não supervisionada:

Na aprendizagem não supervisionada, os algoritmos identificam padrões em dados não rotulados.

i. **Agrupamento:**
   - Agrupa pontos de dados semelhantes em clusters. Os algoritmos mais comuns incluem o k-means, o agrupamento hierárquico e o DBSCAN.

ii. **Redução de dimensionalidade:**

- Reduz o número de caraterísticas nos dados, preservando informações
  importantes. As técnicas incluem a análise de componentes principais (PCA) e
  t-SNE (t-Distributed Stochastic Neighbour Embedding).

iii. **Deteção de anomalias:**

- Identifica valores atípicos ou padrões invulgares nos dados. As técnicas
  incluem Isolation Forest, One-Class SVM e Autoencoders.

3.3.3. Aprendizagem por reforço:

Os algoritmos de aprendizagem por reforço aprendem acções óptimas através de tentativa e
erro, recebendo feedback do ambiente.

- **Q-Learning:** Um algoritmo baseado em valores que aprende o valor das acções num
  determinado estado para maximizar a recompensa cumulativa.
- **Redes Q profundas (DQN):** Combina o Q-learning com redes neurais profundas
  para lidar com espaços de estado de elevada dimensão.
- **Métodos de gradiente de política:** Optimizam diretamente a política, ajustando os
  parâmetros para maximizar a recompensa esperada.

3.3.4. Aprendizagem profunda:

A aprendizagem profunda utiliza redes neuronais multicamadas para modelar padrões e
relações complexas nos dados.

- **Redes Neuronais Convolucionais (CNNs):** Especializadas para processar dados em
  forma de grelha, como imagens. Utilizam camadas convolucionais para extrair
  caraterísticas espaciais.
- **Redes Neuronais Recorrentes (RNNs):** Concebidas para dados sequenciais, como
  séries temporais ou linguagem natural. Utilizam ligações recorrentes para manter as
  dependências temporais.
- **Redes de Memória de Longo Prazo (LSTM):** Um tipo de RNN que resolve o
  problema do gradiente de fuga, permitindo a aprendizagem de dependências de longo
  prazo.

3.4. Reconhecimento de padrões e deteção de anomalias

O reconhecimento de padrões envolve a identificação de regularidades nos dados, enquanto a deteção de anomalias se centra na identificação de padrões irregulares ou inesperados.

3.4.1. Técnicas de reconhecimento de padrões:

- **Correspondência de modelos:** Compara os dados de entrada com modelos predefinidos para encontrar a melhor correspondência. Útil para tarefas de reconhecimento de imagens e sinais.
- **Métodos estatísticos:** Utilizar técnicas estatísticas para identificar padrões e fazer previsões. Os exemplos incluem testes de hipóteses, inferência Bayesiana e modelos de Markov.
- **Métodos de aprendizagem automática:** Os algoritmos aprendem padrões a partir dos dados e fazem previsões ou classificações. Os exemplos incluem k-vizinhos mais próximos, SVM e redes neurais.

3.4.2. Técnicas de deteção de anomalias:

- **Métodos estatísticos:** Identificar anomalias com base nas propriedades estatísticas dos dados. Os exemplos incluem o z-score, o teste de Grubbs e a distância de Mahalanobis.
- **Métodos de aprendizagem automática:** Os algoritmos de aprendizagem supervisionada e não supervisionada podem ser utilizados para a deteção de anomalias. Os exemplos incluem Isolation Forest, One-Class SVM e Autoencoders.
- **Métodos híbridos:** Combinam técnicas estatísticas e de aprendizagem automática para melhorar a precisão da deteção. Por exemplo, utilizar PCA para reduzir a dimensionalidade seguida de agrupamento para deteção de anomalias.

3.4.3. Aplicações do reconhecimento de padrões e da deteção de anomalias:

- **Monitorização industrial:** Detetar falhas no equipamento e prever as necessidades de manutenção para evitar períodos de inatividade.
- **Cuidados de saúde:** Identificação de padrões anómalos em sinais biomédicos para o diagnóstico precoce de doenças.

- **Cibersegurança:** Deteção de atividade de rede invulgar para identificar potenciais ameaças à segurança.
- **Finanças:** Identificação de transacções fraudulentas e padrões de negociação invulgares.

Conclusão:

Este capítulo explorou as técnicas essenciais para o processamento de sinais e a análise de dados em sistemas de instrumentação inteligente. Desde o condicionamento e filtragem de sinais até aos algoritmos avançados de aprendizagem automática, estes métodos transformam os dados em bruto em informações acionáveis, melhorando as capacidades e o desempenho dos instrumentos inteligentes. A fusão e integração de dados enriquecem ainda mais o conteúdo da informação, permitindo medições mais precisas e fiáveis. As técnicas de reconhecimento de padrões e de deteção de anomalias desempenham um papel crucial na identificação de regularidades e irregularidades nos dados, apoiando uma vasta gama de aplicações, desde a monitorização industrial aos cuidados de saúde e à cibersegurança. À medida que a tecnologia avança, a integração de abordagens modernas, como a inteligência artificial e a aprendizagem automática, continuará a alargar os limites do que os instrumentos inteligentes podem alcançar, abrindo novas possibilidades e impulsionando a inovação em vários domínios.

Capítulo 4: Sistemas incorporados e processamento em tempo real

Os sistemas incorporados são a espinha dorsal da instrumentação inteligente, fornecendo a potência computacional necessária, as capacidades de controlo e o processamento em tempo real para lidar com tarefas complexas. Este capítulo explora os meandros dos sistemas embebidos e do processamento em tempo real, abrangendo componentes de hardware, estruturas de software, sistemas operativos em tempo real (RTOS) e os desafios e soluções envolvidos na conceção de sistemas que cumprem requisitos de temporização rigorosos.

4.1. Visão geral dos sistemas incorporados

Os sistemas incorporados são sistemas informáticos especializados que desempenham funções específicas em sistemas de maior dimensão. Ao contrário dos computadores de uso geral, os sistemas incorporados são concebidos para tarefas específicas, muitas vezes com limitações de potência, dimensão e desempenho.

4.1.1. Caraterísticas dos sistemas incorporados:

- **Funcionalidade específica:** Os sistemas incorporados são concebidos para executar tarefas específicas, optimizando o hardware e o software para essas funções.
- **Funcionamento em tempo real:** Muitos sistemas incorporados funcionam em tempo real, processando entradas e gerando saídas dentro de limites de tempo rigorosos.
- **Restrições de recursos:** Os sistemas incorporados têm frequentemente uma capacidade de processamento, memória e recursos energéticos limitados, o que exige uma conceção eficiente.
- **Fiabilidade e estabilidade:** Os sistemas incorporados são normalmente concebidos para uma elevada fiabilidade e estabilidade a longo prazo, funcionando frequentemente em aplicações críticas.
- **Integração:** Os sistemas incorporados são integrados em dispositivos de maiores dimensões, como a eletrónica de consumo, as máquinas industriais, os sistemas automóveis e os dispositivos médicos.

4.1.2. Componentes de sistemas incorporados:

* **Microcontroladores e microprocessadores:** A unidade central de processamento (CPU) de um sistema incorporado, que executa instruções e controla outros componentes. Os microcontroladores (MCU) integram a CPU com memória e interfaces periféricas, enquanto os microprocessadores podem necessitar de componentes externos adicionais.
* **Memória:** Inclui memória volátil (RAM) para armazenamento temporário de dados e memória não volátil (ROM, Flash) para armazenamento de firmware e dados persistentes.
* **Interfaces de entrada/saída:** Ligam o sistema incorporado a sensores, actuadores e outros dispositivos externos. As interfaces comuns incluem GPIO (General Purpose Input/Output), ADC/DAC (Analog-to-Digital/Digital-to-Analog Converters), UART, SPI e I2C.
* **Gestão de energia:** Assegura a utilização eficiente da energia, especialmente em aplicações alimentadas por bateria. Os componentes incluem reguladores de tensão, modos de poupança de energia e tecnologias de recolha de energia.

4.1.3. Considerações sobre o projeto:

* **Desempenho:** Equilibrar a velocidade de processamento e a capacidade de resposta com as restrições de energia e recursos.
* **Eficiência energética:** Conceção de sistemas para minimizar o consumo de energia, crucial para dispositivos alimentados por bateria.
* **Custo:** Otimizar a conceção para obter uma boa relação custo-eficácia sem comprometer a funcionalidade.
* **Dimensão e fator de forma:** Assegurar que a dimensão física do sistema incorporado se enquadra na conceção geral do dispositivo.
* **Fiabilidade:** Garantir que o sistema funciona corretamente durante o tempo de vida previsto, com mecanismos robustos de tratamento de erros e tolerância a falhas.

4.2. Processamento em tempo real

O processamento em tempo real é um aspeto fundamental de muitos sistemas incorporados, exigindo que o sistema responda a entradas e gere saídas dentro de limites de tempo rigorosos. O processamento em tempo real pode ser classificado em duas categorias: tempo real rígido e tempo real suave.

4.2.1. Sistemas rígidos em tempo real:

- **Definição:** Sistemas em que o incumprimento de um prazo pode ter consequências catastróficas. Os exemplos incluem dispositivos médicos, sistemas de segurança automóvel e sistemas de controlo industrial.
- **Caraterísticas:** Restrições de tempo rigorosas, comportamento determinístico e elevada fiabilidade.
- **Considerações sobre a conceção:** Dar prioridade às tarefas para garantir que as operações críticas são concluídas a tempo, utilizar sistemas operativos em tempo real (RTOS) para gerir a temporização e efetuar testes exaustivos para validar o comportamento da temporização.

4.2.2. Sistemas suaves em tempo real:

- **Definição:** Sistemas em que o incumprimento de um prazo pode degradar o desempenho, mas não conduz a uma falha. Os exemplos incluem aplicações multimédia, telecomunicações e sistemas de interface com o utilizador.
- **Caraterísticas:** Restrições de tempo mais flexíveis, foco na otimização do desempenho em vez de o garantir.
- **Considerações sobre o design:** Equilíbrio entre a capacidade de resposta e o rendimento do sistema, utilização de técnicas de armazenamento em buffer e programação para lidar com cargas de trabalho variáveis e otimização de algoritmos para desempenho.

4.2.3. Sistemas operativos em tempo real (RTOS):

Um RTOS é um sistema operativo concebido para gerir os recursos de hardware e executar tarefas dentro dos limites temporais de um sistema em tempo real.

- **Programação de tarefas:** Os RTOS utilizam algoritmos de agendamento para dar prioridade e executar tarefas com base na sua urgência e importância. Os algoritmos de agendamento mais comuns incluem:

- **Programação de prioridade fixa:** Atribui uma prioridade fixa a cada tarefa, com as tarefas de prioridade mais elevada a anteciparem-se às de prioridade mais baixa.
- **Rate-Monotonic Scheduling (RMS):** Atribui prioridades com base na frequência das tarefas, sendo que as tarefas mais frequentes recebem prioridades mais elevadas.
- **Prazo Mais Cedo Primeiro (EDF):** Atribui dinamicamente prioridades com base nos prazos das tarefas, sendo que as tarefas mais próximas dos seus prazos recebem prioridades mais elevadas.
- **Comunicação entre tarefas:** Mecanismos como filas de mensagens, semáforos e mutexes facilitam a comunicação e a sincronização entre tarefas, garantindo a consistência dos dados e coordenando a execução das tarefas.
- **Tratamento de interrupções:** O tratamento eficiente das interrupções de hardware é crucial para os sistemas de tempo real, permitindo uma resposta rápida a eventos externos.
- **Gestão da memória:** Os RTOS gerem a atribuição e a desalocação de memória para garantir a utilização eficiente de recursos limitados, evitando a fragmentação e garantindo o desempenho em tempo real.
- **Serviços de temporização:** Os RTOS fornecem serviços de temporização, como temporizadores e relógios, permitindo um controlo preciso da execução e da temporização das tarefas.

4.3. Componentes de hardware para sistemas incorporados

Os sistemas embebidos dependem de uma variedade de componentes de hardware para desempenharem as suas funções. Esta secção explora os principais componentes de hardware e as suas funções.

4.3.1. Microcontroladores (MCU):

Os microcontroladores são o coração de muitos sistemas incorporados, integrando a CPU, a memória e as interfaces periféricas num único chip.

- **Famílias populares de MCU:**

    i. **ARM Cortex-M:** Amplamente utilizado pelo seu desempenho e eficiência energética.

ii.   **AVR:** Conhecido pela simplicidade e facilidade de utilização.

iii.   **PIC:** Popular em aplicações industriais e automóveis.

iv.   **MSP430:** Focado em aplicações de baixo consumo.

4.3.2. Microprocessadores:

Os microprocessadores oferecem maior capacidade de processamento e são utilizados em sistemas incorporados mais complexos. Ao contrário das MCU, requerem frequentemente memória e periféricos externos.

- **Microprocessadores populares:**

i.   **ARM Cortex-A:** Processadores de alto desempenho utilizados em smartphones, tablets e aplicações industriais.

ii.   **Intel x86:** Utilizado em PCs incorporados e sistemas de elevado desempenho.

iii.   **RISC-V:** Uma arquitetura de código aberto que está a ganhar popularidade em várias aplicações.

4.3.3. Processadores de sinais digitais (DSP):

Os DSPs são processadores especializados concebidos para processamento numérico de alta velocidade, normalmente utilizados em aplicações de processamento de sinais, como áudio, vídeo e comunicações.

- **Caraterísticas principais:**

i.   Conjuntos de instruções especializadas para processamento de sinais.

ii.   Unidades aritméticas de alta velocidade.

iii.   Arquitecturas eficientes de acesso à memória.

4.3.4. Matrizes de portas programáveis em campo (FPGA):

Os FPGAs são dispositivos de hardware reconfiguráveis que permitem a implementação de circuitos digitais personalizados. Oferecem um elevado desempenho e flexibilidade, o que os torna adequados para aplicações exigentes. Processamento de sinais, processamento de imagens, comunicações e aceleração de hardware personalizado.

4.3.5. Sistemas em pastilhas (SoC):

Os SoC integram todos os componentes de um computador ou de outros sistemas electrónicos num único chip, incluindo a CPU, a memória, os periféricos e a gestão de energia.

- **Benefícios:**
    i. Tamanho e consumo de energia reduzidos.
    ii. Elevado desempenho e integração.
    iii. Económica para aplicações de grande volume.

4.4. Desenvolvimento de software para sistemas incorporados

O desenvolvimento de software para sistemas incorporados exige ferramentas, técnicas e considerações especializadas para satisfazer os condicionalismos e requisitos únicos destes sistemas.

4.4.1. Ferramentas de desenvolvimento:

- **Ambientes de desenvolvimento integrado (IDEs):** Fornecem uma interface unificada para escrita, compilação e depuração de código. Os IDEs populares incluem Keil uVision, MPLAB X e IAR Embedded Workbench.
- **Compiladores:** Convertem código de alto nível em código de máquina. As optimizações são cruciais para o desempenho e a eficiência da memória.
- **Depuradores:** Permitem que os programadores testem e depurem o código no hardware de destino. As ferramentas incluem depuradores em circuito (ICDs) e interfaces JTAG.
- **Simuladores e emuladores:** Simulam o comportamento do hardware alvo, permitindo o teste e a depuração sem o hardware real.

4.4.2. Linguagens de programação:

- **C e C++:** As linguagens mais comuns para sistemas incorporados devido à sua eficiência, controlo sobre o hardware e suporte generalizado.
- **Linguagem Assembly:** Utilizada para programação e otimização de baixo nível, fornecendo controlo direto sobre o hardware.

- **Python:** Cada vez mais utilizado em sistemas incorporados para aplicações de nível superior e prototipagem rápida, apoiado por plataformas como MicroPython.

4.4.3. Arquitetura do software:

- **Conceção modular:** A divisão do software em módulos independentes melhora a capacidade de manutenção e reutilização.
- **Arquitetura em camadas:** Separa o código específico do hardware, a lógica da aplicação e as interfaces do utilizador em camadas distintas, melhorando a portabilidade e a escalabilidade.
- **Máquinas de estado:** Utilizadas para gerir o estado do sistema, especialmente em aplicações de controlo.
- **Middleware:** Fornece serviços e abstracções comuns, facilitando a comunicação e a integração entre diferentes componentes de software.

4.5. Desafios e soluções do processamento em tempo real

A conceção de sistemas que satisfaçam os requisitos de tempo real implica a superação de vários desafios relacionados com a temporização, a gestão de recursos e a fiabilidade.

4.5.1. Restrições de tempo:

- **Desafio:** Garantir que as tarefas cumprem os seus prazos na presença de cargas de trabalho variáveis e eventos externos.
- **Solução:** Utilizar RTOS com algoritmos de programação adequados, efetuar análises de tempo e otimizar a execução de tarefas.

4.5.2. Gestão de recursos:

- **Desafio:** gerir eficazmente a capacidade de processamento, a memória e os recursos energéticos limitados.
- **Solução:** Empregar técnicas de conceção de baixo consumo, otimizar o código e os algoritmos e utilizar a atribuição dinâmica de recursos.

4.5.3. Concorrência e sincronização:

- **Desafio:** Gerir tarefas simultâneas e garantir a consistência dos dados em ambientes multithread.
- **Solução:** Utilizar mecanismos de sincronização, como semáforos, mutexes e filas de mensagens, e evitar bloqueios e inversão de prioridades.

4.5.4. Fiabilidade e tolerância a falhas:

- **Desafio:** Garantir que o sistema funciona corretamente em várias condições, incluindo falhas de hardware e erros de software.
- **Solução:** Implementação de mecanismos de deteção e correção de erros, redundância e estratégias robustas de tratamento de erros.

4.5.5. Ensaios e validação:

- **Desafio:** Verificar se o sistema cumpre os seus requisitos em tempo real e funciona corretamente.
- **Solução:** Realização de testes exaustivos, incluindo testes unitários, testes de integração e testes de sistema, utilizando ferramentas como analisadores lógicos e osciloscópios para análise de temporização.

4.6. Estudos de caso

A exploração de exemplos do mundo real fornece uma perspetiva da aplicação prática dos sistemas incorporados e do processamento em tempo real.

4.6.1. Sistemas automóveis:

- **Aplicação:** As unidades de controlo do motor (ECU) gerem as funções do motor, como a injeção de combustível, a regulação da ignição e o controlo das emissões.
- **Desafios:** Cumprir requisitos rigorosos de tempo real, gerir o consumo de energia e garantir a fiabilidade do sistema.
- **Soluções:** Utilizando microcontroladores de alto desempenho, RTOS e testes e validação extensivos.

4.6.2. Dispositivos médicos:

- **Aplicação:** Os pacemakers cardíacos implantáveis regulam os ritmos cardíacos através da transmissão de impulsos eléctricos ao coração.
- **Desafios:** Garantir a fiabilidade e a segurança, gerir o consumo de energia para uma longa duração da bateria e cumprir requisitos regulamentares rigorosos.
- **Soluções:** Microcontroladores de baixo consumo, tratamento robusto de erros e testes e validação completos.

4.6.3. Automação industrial:

- **Aplicação:** Os controladores lógicos programáveis (PLC) controlam processos industriais, tais como linhas de fabrico e sistemas robóticos.
- **Desafios:** Garantir o desempenho em tempo real, lidar com condições ambientais adversas e fornecer soluções flexíveis e escaláveis.
- **Soluções:** Usando hardware robusto, RTOS e design de software modular.

Conclusão:

Os sistemas incorporados e o processamento em tempo real são fundamentais para o funcionamento da instrumentação inteligente, permitindo um controlo preciso, respostas atempadas e uma gestão eficiente dos recursos. Ao compreender as caraterísticas, componentes e considerações de conceção dos sistemas incorporados, bem como os desafios e soluções associados ao processamento em tempo real, os engenheiros podem desenvolver sistemas robustos, fiáveis e eficientes que satisfaçam os requisitos exigentes das aplicações modernas. À medida que a tecnologia continua a evoluir, as capacidades dos sistemas incorporados irão expandir-se, oferecendo novas oportunidades de inovação e avanço em vários domínios.

Capítulo 5: Comunicação e redes

A comunicação e a ligação em rede constituem a espinha dorsal dos sistemas de instrumentação inteligentes, permitindo que os dispositivos interligados troquem dados sem problemas. Estes sistemas dependem de diversos protocolos de comunicação, arquitecturas de rede e tecnologias para garantir operações eficientes, fiáveis e seguras. Este capítulo aprofunda os meandros da comunicação e das redes em sistemas inteligentes, explorando abordagens tradicionais e modernas, incluindo soluções com e sem fios, considerações de conceção, desafios e tendências futuras.

A comunicação eficaz é crucial nos sistemas inteligentes para a partilha de dados, o controlo, a monitorização, a escalabilidade e a interoperabilidade. Ao facilitar a troca de dados entre dispositivos, os sistemas podem funcionar de forma coordenada, o que é essencial para aplicações como a automação industrial, os cuidados de saúde, os transportes e as casas inteligentes. Estes sistemas beneficiam de capacidades de controlo e monitorização remotos que aumentam a flexibilidade e a eficiência. À medida que o número de dispositivos e sensores aumenta, a escalabilidade torna-se um fator crítico, garantindo que as redes se podem adaptar às necessidades evolutivas das aplicações. A interoperabilidade, que permite que dispositivos e sistemas de diferentes fabricantes trabalhem em conjunto sem problemas, é outro requisito fundamental.

As redes podem ser classificadas com base no seu âmbito geográfico e requisitos de aplicação. As redes locais (LAN) ligam dispositivos dentro de uma área limitada, como um edifício ou um campus, proporcionando transferência de dados a alta velocidade e fiabilidade. As redes de área alargada (WAN) estendem a conetividade a áreas geográficas mais vastas, tirando frequentemente partido de redes públicas como a Internet. As redes de área pessoal (PAN) ligam dispositivos pessoais a uma curta distância, utilizando tecnologias como Bluetooth e Zigbee. As redes em malha, em que os dispositivos funcionam como anfitriões e encaminhadores, aumentam o alcance e a fiabilidade da rede, tornando-as ideais para aplicações que exigem uma conetividade robusta e flexível.

Os protocolos de comunicação estabelecem as regras para a troca de dados entre dispositivos. Os protocolos de comunicação com fios, como Ethernet, Modbus, Profibus e CAN Bus, são amplamente utilizados pelas suas capacidades de transferência de dados fiáveis e de alta velocidade. A Ethernet é versátil e comum em ambientes industriais e de escritório, suportando várias normas como 10BASE-T, 100BASE-T e Gigabit Ethernet. O Modbus é conhecido pela sua simplicidade e robustez na automação industrial, funcionando em redes RS-232, RS-485 e TCP/IP. O Profibus e o CAN Bus são predominantes na automação industrial e nas aplicações automóveis, respetivamente, proporcionando troca de dados em tempo real e robustez.

Os protocolos de comunicação sem fios, incluindo Wi-Fi, Bluetooth, Zigbee, LoRa e tecnologias celulares como 4G e 5G, oferecem flexibilidade, mobilidade e escalabilidade. O Wi-Fi é amplamente utilizado em casa, no escritório e em ambientes industriais, suportando a transferência de dados a alta velocidade e um grande alcance. O Bluetooth é preferido para comunicações de curto alcance em dispositivos pessoais e tecnologia vestível, sendo o Bluetooth Low Energy (BLE) optimizado para aplicações de baixo consumo. O Zigbee é ideal para redes em malha em aplicações domésticas inteligentes e IoT, proporcionando baixo consumo de energia e robustez. O LoRa (Long Range) foi concebido para aplicações IoT que requerem conetividade a longa distância e baixo consumo de energia. As tecnologias celulares oferecem uma cobertura de área alargada, taxas de dados elevadas e fiabilidade para aplicações móveis e IoT.

Protocolos de comunicação industrial como EtherCAT, Profinet e HART atendem a requisitos específicos na automação industrial. O EtherCAT é um sistema de fieldbus baseado em Ethernet de alto desempenho que oferece troca de dados em tempo real com baixa latência e alta precisão de sincronização. O Profinet integra a automação industrial com a infraestrutura de TI existente, fornecendo transferência de dados a alta velocidade e comunicação em tempo real. O HART combina a comunicação analógica e digital para a automatização de processos, sendo utilizado principalmente em sensores e actuadores inteligentes.

A arquitetura de rede envolve a conceção e a estrutura de uma rede, incluindo a sua topologia, protocolos e componentes. Várias topologias de rede, como barramento, estrela, anel, malha e híbrida, oferecem diferentes vantagens e desafios. A topologia em barramento é simples e económica, mas limitada pelo congestionamento do tráfego e pela tolerância a falhas. A topologia em estrela liga todos os dispositivos a um hub ou switch central, proporcionando um bom desempenho e tolerância a falhas, embora o hub central represente um ponto único de falha. A topologia em anel liga os dispositivos de forma circular, com os dados a circular numa direção, oferecendo um bom desempenho mas suscetível de ser perturbada por uma única falha. A topologia em malha, em que cada dispositivo se liga a vários outros dispositivos, cria uma rede robusta e tolerante a falhas, normalmente utilizada em redes sem fios e aplicações IoT. A topologia híbrida combina elementos de diferentes topologias para otimizar o desempenho, a escalabilidade e a fiabilidade.

A comunicação e a ligação em rede envolvem também vários níveis de rede, cada um com uma função específica. O nível físico define as ligações de hardware, tais como cabos, conectores e tipos de sinal. A camada de ligação de dados trata da deteção e correção de erros, definindo protocolos para a transferência de dados entre nós adjacentes. A camada de rede gere o encaminhamento e a transmissão de pacotes de dados entre dispositivos em redes diferentes. A camada de transporte assegura uma transferência de dados fiável entre dispositivos finais, gerindo a correção de erros e o controlo do fluxo. Por último, a camada de aplicação fornece protocolos para aplicações específicas, como HTTP para navegação na Web e MQTT para comunicação IoT.

As tecnologias de comunicação sem fios proporcionam flexibilidade, mobilidade e escalabilidade, o que as torna essenciais para os sistemas inteligentes modernos. O Wi-Fi, com as suas várias normas (IEEE 802.11a/b/g/n/ac/ax), é predominante em casa, no escritório e em ambientes industriais, suportando a transferência de dados a alta velocidade e um grande alcance. O Bluetooth, incluindo o Bluetooth Classic e o Bluetooth Low Energy (BLE), é utilizado para comunicações de curto alcance em dispositivos pessoais e tecnologia vestível. O Zigbee, baseado no IEEE 802.15.4, é ideal para redes em malha em aplicações domésticas inteligentes e IoT, oferecendo baixo consumo de energia e robustez. O LoRa (Long Range) proporciona uma comunicação de longo alcance e baixo consumo de energia para aplicações IoT, enquanto as tecnologias celulares (4G/5G) oferecem uma cobertura de área alargada, elevados débitos de dados e fiabilidade para aplicações móveis e IoT.

A segurança nas comunicações e nas redes é um aspeto crítico, protegendo a integridade, a confidencialidade e a disponibilidade dos dados. Ameaças e vulnerabilidades, como escutas, ataques man-in-the-middle, negação de serviço (DoS), spoofing e malware, exigem mecanismos de segurança robustos. A encriptação protege os dados convertendo-os num formato ilegível, exigindo uma chave para desencriptar. A autenticação verifica a identidade de dispositivos e utilizadores, utilizando mecanismos como palavras-passe, certificados digitais e autenticação biométrica. O controlo de acesso restringe o acesso aos recursos da rede com base em políticas predefinidas, utilizando métodos como o controlo de acesso baseado em funções (RBAC) e o controlo de acesso discricionário (DAC). As firewalls monitorizam e controlam o tráfego de entrada e saída da rede com base em regras de segurança. Os sistemas de deteção de intrusões (IDS) detectam e respondem a actividades maliciosas numa rede. Os protocolos de comunicação seguros, como o TLS/SSL (Transport Layer Security/Secure Sockets Layer), o IPsec (Internet Protocol Security) e o SSH (Secure Shell), permitem a transmissão segura de dados através de redes.

A conceção de sistemas de comunicação e de rede para instrumentação inteligente envolve várias considerações fundamentais. A escalabilidade garante que a rede pode acomodar um número crescente de dispositivos e um maior tráfego de dados. A fiabilidade garante uma comunicação consistente e fiável, especialmente em aplicações críticas. A eficiência energética minimiza o consumo de energia, especialmente para dispositivos remotos e operados por bateria. A latência centra-se na minimização dos atrasos na transmissão e processamento de dados, crucial para aplicações em tempo real. A largura de banda garante uma capacidade de transferência de dados suficiente para satisfazer as necessidades das aplicações. A interoperabilidade garante que diferentes dispositivos e sistemas possam comunicar eficazmente, aderindo a protocolos normalizados e implementando a tradução de protocolos quando necessário.

O panorama das comunicações e das redes está em constante evolução, impulsionado pelos avanços tecnológicos e pelas crescentes exigências das aplicações. O advento do 5G e mais além promete taxas de dados mais elevadas, menor latência e maior densidade de dispositivos, melhorando o suporte para IoT, veículos autónomos e cidades inteligentes. A Internet das Coisas (IoT) expande a conetividade a um vasto conjunto de dispositivos, permitindo uma monitorização, controlo e automatização abrangentes em vários sectores. A computação de ponta processa os dados mais perto da fonte, reduzindo a latência e a utilização da largura de banda, melhorando a tomada de decisões em tempo real e reduzindo a dependência da infraestrutura de nuvem centralizada. As redes definidas por software (SDN) dissociam os planos de controlo e de dados, permitindo uma gestão de rede programável e flexível, simplificando a configuração da rede, aumentando a escalabilidade e melhorando a segurança. A tecnologia Blockchain oferece uma comunicação segura através da utilização de registos descentralizados para proteger e verificar as transacções de comunicação, melhorando a integridade dos dados, a privacidade e a confiança nas redes de comunicação.

A comunicação quântica aproveita a mecânica quântica para uma comunicação ultra-segura, revolucionando potencialmente a comunicação segura e os métodos de encriptação de dados.

Em conclusão, a comunicação e a ligação em rede são componentes essenciais dos sistemas de instrumentação inteligentes, permitindo a troca de dados, o controlo remoto e a integração de vários dispositivos e sistemas. Este capítulo explorou os fundamentos dos protocolos de comunicação, arquitecturas de rede e tecnologias sem fios, juntamente com os desafios e soluções relacionados com a segurança, considerações de conceção e tendências futuras. À medida que a tecnologia continua a avançar, as capacidades dos sistemas de comunicação e de ligação em rede irão expandir-se, impulsionando a inovação e melhorando o desempenho da instrumentação inteligente em diversas aplicações.

Capítulo 6: Medidas de cibersegurança

A cibersegurança é um aspeto crítico dos modernos sistemas de instrumentação inteligente, garantindo a proteção de dados, dispositivos e redes contra ataques maliciosos, acesso não autorizado e outras ameaças cibernéticas. À medida que estes sistemas se tornam cada vez mais interligados e integrados em várias aplicações, como a automação industrial, os cuidados de saúde, os transportes e as casas inteligentes, a importância de medidas robustas de cibersegurança não pode ser exagerada. Este capítulo aprofunda o domínio multifacetado da cibersegurança, abrangendo princípios fundamentais, ameaças e vulnerabilidades comuns, medidas essenciais de cibersegurança e tendências futuras na proteção de sistemas de instrumentação inteligente.

Os princípios fundamentais da cibersegurança giram em torno de três conceitos-chave: confidencialidade, integridade e disponibilidade, muitas vezes referidos como a tríade CIA. A confidencialidade assegura que a informação sensível só é acessível a indivíduos e entidades autorizados. Isto é conseguido através de mecanismos como a encriptação, controlos de acesso e mascaramento de dados. A integridade garante que os dados são exactos e não foram adulterados, mantendo a confiança nos resultados do sistema. Os métodos para garantir a integridade incluem funções de hash criptográficas, assinaturas digitais e somas de controlo. A disponibilidade garante que os sistemas e os dados estão acessíveis quando necessário, evitando interrupções que possam afetar as operações. As medidas para aumentar a disponibilidade incluem redundância, equilíbrio de carga e planos robustos de recuperação de desastres.

As ciberameaças e vulnerabilidades representam desafios significativos para a cibersegurança. As ameaças comuns incluem malware, phishing, ataques de negação de serviço (DoS), ataques man-in-the-middle (MitM) e ransomware. O malware, como vírus, worms e cavalos de Troia, pode infiltrar-se nos sistemas e causar danos, roubar dados ou fornecer acesso não autorizado aos atacantes. O phishing consiste em enganar as pessoas para que divulguem informações sensíveis, muitas vezes através de e-mails ou sítios Web enganadores. Os ataques DoS sobrecarregam os sistemas com tráfego excessivo, tornando-os indisponíveis para utilizadores legítimos. Os ataques MitM interceptam e potencialmente alteram as comunicações entre duas partes sem o seu conhecimento. O ransomware encripta dados e exige um resgate para a sua libertação, causando perturbações operacionais significativas.

As vulnerabilidades são pontos fracos dos sistemas que podem ser explorados pelos atacantes. Estas podem resultar de erros de software, configurações incorrectas, palavras-passe fracas e sistemas não corrigidos. A resolução destas vulnerabilidades requer uma abordagem abrangente, incluindo actualizações regulares de software, gestão de patches, práticas de codificação seguras e monitorização contínua de potenciais violações de segurança.

Para combater estas ameaças e vulnerabilidades, podem ser implementadas várias medidas de cibersegurança. Uma das medidas fundamentais é a encriptação, que converte os dados num formato ilegível que só pode ser desencriptado com a chave correta. A encriptação pode ser aplicada a dados em repouso, dados em trânsito e dados em utilização. As normas de encriptação comuns incluem a Norma de Encriptação Avançada (AES) e Rivest-Shamir-Adleman (RSA). Outra medida crítica é a autenticação, que verifica a identidade dos utilizadores e dispositivos. Os métodos de autenticação incluem palavras-passe, dados biométricos e certificados digitais, frequentemente implementados através de autenticação multifactor (MFA) para maior segurança.

Os mecanismos de controlo de acesso restringem o acesso a dados e recursos com base em políticas predefinidas. O controlo de acesso baseado em funções (RBAC) atribui permissões com base nas funções do utilizador, enquanto o controlo de acesso discricionário (DAC) permite que os proprietários dos dados determinem as permissões de acesso. Estes mecanismos ajudam a evitar o acesso não autorizado e garantem que os utilizadores só podem aceder aos dados e sistemas necessários para as suas funções.

As firewalls são essenciais para monitorizar e controlar o tráfego de entrada e saída da rede com base em regras de segurança pré-determinadas. Funcionam como uma barreira entre redes fiáveis e não fiáveis, bloqueando o tráfego potencialmente prejudicial e permitindo a comunicação legítima. Os sistemas de deteção de intrusões (IDS) e os sistemas de prevenção de intrusões (IPS) reforçam ainda mais a segurança da rede, identificando e respondendo a actividades maliciosas. Os IDS monitorizam o tráfego de rede em busca de actividades suspeitas e geram alertas, enquanto os IPS tomam medidas proactivas para bloquear as ameaças detectadas.

A segurança dos pontos finais centra-se na proteção de dispositivos individuais, como computadores, telemóveis e dispositivos IoT, contra ciberameaças. Isto inclui software antivírus, ferramentas antimalware e soluções de deteção e resposta de pontos finais (EDR). Estas ferramentas ajudam a detetar e a remover software malicioso, a monitorizar as actividades dos terminais e a responder a potenciais incidentes de segurança.

A segmentação da rede é outra medida eficaz de cibersegurança, dividindo uma rede em segmentos mais pequenos e isolados. Isto limita a propagação de potenciais ataques e aumenta o controlo sobre o tráfego da rede. Os sistemas críticos podem ser isolados de partes menos seguras da rede, reduzindo o risco de acesso não autorizado e movimento lateral por parte dos atacantes.

As políticas e procedimentos de cibersegurança desempenham um papel crucial no estabelecimento de um ambiente seguro. Estes incluem diretrizes para utilização aceitável, proteção de dados, resposta a incidentes e conformidade com regulamentos e normas relevantes. A formação regular e os programas de consciencialização são essenciais para garantir que todo o pessoal compreende e adere a estas políticas, reconhecendo potenciais ameaças e respondendo adequadamente.

O planeamento da resposta a incidentes é vital para mitigar o impacto das violações de segurança. Um plano eficaz de resposta a incidentes descreve as medidas a tomar no caso de um incidente cibernético, incluindo a identificação, contenção, erradicação, recuperação e lições aprendidas. Exercícios e simulações regulares ajudam a garantir que a equipa de resposta a incidentes está preparada para lidar com cenários do mundo real.

A integração de tecnologias avançadas, como a inteligência artificial (IA) e a aprendizagem automática (ML), está a transformar a cibersegurança. A IA e o ML podem analisar grandes quantidades de dados para identificar padrões e anomalias indicativos de potenciais ameaças. Estas tecnologias permitem a análise preditiva, ajudando as organizações a antecipar e a mitigar as ciberameaças antes de estas se manifestarem. Os sistemas de segurança alimentados por IA podem adaptar-se à evolução das ameaças, fornecendo mecanismos de defesa dinâmicos que melhoram a segurança global.

A tecnologia de cadeia de blocos oferece aplicações promissoras no domínio da cibersegurança, nomeadamente para garantir a integridade dos dados e a segurança das comunicações. A natureza descentralizada e imutável da cadeia de blocos torna-a resistente à adulteração e à fraude. Pode ser utilizada para criar registos seguros, transparentes e auditáveis de transacções e comunicações, aumentando a confiança e a responsabilidade.

A computação quântica, embora ainda na sua fase inicial, coloca desafios e oportunidades à cibersegurança. Os computadores quânticos têm potencial para quebrar os actuais algoritmos de encriptação, exigindo o desenvolvimento de métodos criptográficos resistentes ao quantum. Ao mesmo tempo, a comunicação quântica oferece uma transmissão ultra-segura de dados, tirando partido dos princípios da mecânica quântica para detetar escutas e garantir a integridade dos dados.

A Internet das Coisas (IoT) apresenta desafios únicos de cibersegurança devido ao grande número de dispositivos ligados e às suas capacidades de segurança frequentemente limitadas. A segurança dos dispositivos IoT exige uma abordagem multifacetada, incluindo uma autenticação forte, actualizações regulares do firmware, protocolos de comunicação seguros e segmentação da rede. O desenvolvimento de normas e melhores práticas de segurança para a IoT é crucial para mitigar os riscos associados a estes dispositivos.

A segurança na nuvem é outra área crítica, dada a adoção generalizada de serviços na nuvem. A proteção dos dados na nuvem envolve medidas como a encriptação, o controlo de acesso e APIs seguras. Os modelos de responsabilidade partilhada clarificam as funções de segurança dos fornecedores de serviços em nuvem e dos clientes, garantindo que ambas as partes contribuem para um ambiente de nuvem seguro.

À medida que as organizações adoptam cada vez mais iniciativas de transformação digital, a cibersegurança deve ser integrada em todos os aspectos do negócio. Isto inclui práticas de desenvolvimento de software seguro, como DevSecOps, que incorporam a segurança no ciclo de vida do desenvolvimento de software. Os pipelines de integração contínua e implantação contínua (CI/CD) devem incluir testes de segurança automatizados para identificar e corrigir vulnerabilidades no início do processo de desenvolvimento.

A conformidade com os regulamentos e normas de cibersegurança é essencial para manter um ambiente seguro e evitar repercussões legais e financeiras. Os principais regulamentos incluem o Regulamento Geral de Proteção de Dados (GDPR), a Lei de Portabilidade e Responsabilidade dos Seguros de Saúde (HIPAA) e a Norma de Segurança de Dados da

Indústria de Cartões de Pagamento (PCI DSS). A adesão a estes regulamentos requer uma abordagem abrangente à proteção de dados, incluindo encriptação, controlo de acesso e avaliações de segurança regulares.

O cenário de ameaças em evolução exige uma monitorização e adaptação contínuas das medidas de cibersegurança. A informação sobre ameaças fornece informações valiosas sobre ameaças emergentes e vectores de ataque, permitindo que as organizações se mantenham à frente dos adversários cibernéticos. A colaboração e a partilha de informações entre organizações, grupos industriais e agências governamentais aumentam a resiliência colectiva da cibersegurança.

A cibersegurança é um domínio dinâmico e em constante evolução, que exige vigilância e adaptação constantes. À medida que os sistemas de instrumentação inteligente continuam a avançar e a integrar-se em vários aspectos da vida quotidiana e dos processos industriais, a necessidade de medidas robustas de cibersegurança torna-se cada vez mais crítica. Ao compreender os princípios fundamentais, abordar as ameaças e vulnerabilidades comuns e implementar um conjunto abrangente de medidas de cibersegurança, as organizações podem proteger os seus sistemas, dados e operações contra ciberameaças.

Em conclusão, a cibersegurança dos sistemas de instrumentação inteligente é um desafio multifacetado que exige uma abordagem holística. Ao incorporar encriptação forte, autenticação robusta, controlos de acesso, firewalls, IDS/IPS, segurança de endpoint, segmentação de rede e políticas e procedimentos abrangentes, as organizações podem criar uma postura de cibersegurança resiliente. Tecnologias avançadas como a IA, a aprendizagem automática, a cadeia de blocos e a computação quântica oferecem novas oportunidades para melhorar a segurança, ao mesmo tempo que abordam os desafios únicos colocados pelos ambientes IoT e de nuvem. A monitorização contínua, a inteligência contra ameaças e a adesão a regulamentos e normas reforçam ainda mais os esforços de cibersegurança. À medida que o cenário de ameaças evolui, manter-se informado e proactivo na implementação e atualização de medidas de cibersegurança é essencial para salvaguardar os sistemas de instrumentação inteligente e as funções críticas que desempenham.

Capítulo 7: Aplicações na indústria e na investigação

Os sistemas de instrumentação inteligente têm encontrado aplicações extensivas em várias indústrias e domínios de investigação. A sua capacidade de monitorizar, medir e controlar processos complexos com elevada precisão e fiabilidade torna-os inestimáveis para os avanços tecnológicos e científicos modernos. Este capítulo explora as diversas aplicações da instrumentação inteligente na indústria e na investigação, destacando o seu impacto, benefícios e os desafios que ajudam a enfrentar.

1. Automação industrial

A instrumentação inteligente desempenha um papel crucial na automação industrial, aumentando a eficiência, a produtividade e a segurança. Na indústria transformadora, estes sistemas são utilizados para controlo de processos, garantia de qualidade e monitorização de equipamentos. Sensores e actuadores integrados com instrumentos inteligentes recolhem dados em tempo real sobre parâmetros de produção como temperatura, pressão, caudal e composição química. Estes dados são analisados para otimizar os processos, reduzir o desperdício e garantir uma qualidade consistente do produto. Por exemplo, na indústria automóvel, a instrumentação inteligente é utilizada para a montagem de precisão, pintura e inspecções de qualidade, assegurando que cada veículo cumpre normas rigorosas.

Para além da otimização de processos, a instrumentação inteligente melhora as práticas de manutenção através da manutenção preditiva. Ao monitorizar continuamente o estado e o desempenho do equipamento, estes sistemas podem prever potenciais falhas e programar actividades de manutenção antes de ocorrerem avarias. Isto reduz o tempo de inatividade, diminui os custos de manutenção e prolonga a vida útil da maquinaria.

2. Cuidados de saúde e aplicações biomédicas

O sector dos cuidados de saúde beneficia significativamente da instrumentação inteligente, em particular no diagnóstico, monitorização de doentes e tratamento. Os dispositivos médicos equipados com sensores inteligentes podem monitorizar sinais vitais como o ritmo cardíaco, a tensão arterial, a saturação de oxigénio e os níveis de glicose. Estes dispositivos fornecem dados contínuos e em tempo real que ajudam na deteção precoce e na gestão de condições médicas. Por exemplo, os monitores de saúde portáteis e os dispositivos implantáveis permitem a monitorização constante de doentes com doenças crónicas, possibilitando intervenções atempadas e melhorando os resultados dos doentes.

No diagnóstico por imagem, a instrumentação inteligente melhora a precisão e a eficiência de técnicas como a ressonância magnética, a tomografia computadorizada e o ultrassom. Os algoritmos avançados analisam as imagens captadas, ajudando os radiologistas a identificar anomalias e a efetuar diagnósticos precisos. Os sistemas de cirurgia robótica, outra aplicação de instrumentação inteligente, proporcionam aos cirurgiões uma maior precisão e controlo, reduzindo o risco de complicações e melhorando os resultados cirúrgicos.

3. Monitorização e gestão ambiental

A monitorização e a gestão ambiental são fundamentais para compreender e atenuar os impactos das actividades humanas no ambiente natural. São utilizados sistemas de instrumentação inteligentes para monitorizar a qualidade do ar e da água, as condições do solo e as alterações climáticas. Estes sistemas fornecem dados em tempo real que são essenciais para a tomada de decisões informadas em matéria de proteção ambiental e de gestão sustentável dos recursos.

As estações de monitorização da qualidade do ar equipadas com sensores inteligentes detectam poluentes como partículas, monóxido de carbono, dióxido de azoto e dióxido de enxofre. Estes dados são utilizados pelas agências ambientais para avaliar os níveis de poluição, identificar as fontes de poluição e implementar medidas de controlo. Do mesmo modo, os sistemas de monitorização da qualidade da água medem parâmetros como o pH, a turbidez, o oxigénio dissolvido e os contaminantes químicos em rios, lagos e oceanos. Esta informação ajuda a gerir os recursos hídricos, a proteger os ecossistemas aquáticos e a garantir a segurança da água potável.

Na agricultura, a instrumentação inteligente apoia as práticas agrícolas de precisão. Os sensores do solo medem a humidade, os níveis de nutrientes e o pH, permitindo aos agricultores otimizar a irrigação e a fertilização. Os drones equipados com câmaras multiespectrais e algoritmos inteligentes avaliam a saúde das culturas, detectam pragas e monitorizam os padrões de crescimento. Estas tecnologias aumentam o rendimento das culturas, reduzem o consumo de recursos e minimizam o impacto ambiental.

4. Setor da energia

O sector da energia depende da instrumentação inteligente para a produção, distribuição e consumo eficientes de energia. Na produção de energia, os sensores inteligentes monitorizam parâmetros como a temperatura, a pressão e a vibração nas centrais eléctricas. Estes dados ajudam a otimizar as operações, a aumentar a segurança e a melhorar a fiabilidade do equipamento de produção de energia. Por exemplo, em parques eólicos, a instrumentação inteligente monitoriza a velocidade do vento, o desempenho da turbina e a produção de energia, permitindo que os operadores maximizem a produção de energia e detectem precocemente potenciais problemas.

Na indústria do petróleo e do gás, a instrumentação inteligente é utilizada para exploração, perfuração, produção e transporte. Os sensores instalados nos poços de petróleo medem a pressão, a temperatura e os caudais, fornecendo dados críticos para otimizar os processos de extração. Os sistemas inteligentes de monitorização de condutas detectam fugas, corrosão e outras anomalias, garantindo o transporte seguro e eficiente de hidrocarbonetos.

A integração de instrumentação inteligente em redes inteligentes revoluciona a distribuição e o consumo de eletricidade. Os contadores inteligentes medem a utilização de energia em tempo real, fornecendo aos consumidores informações sobre os seus padrões de consumo de energia e permitindo que os serviços públicos implementem estratégias de resposta à procura. Os sensores inteligentes e as redes de comunicação dentro da rede aumentam a fiabilidade, evitam interrupções e facilitam a integração de fontes de energia renováveis.

5. Aeroespacial e Defesa

As indústrias aeroespacial e de defesa utilizam instrumentação inteligente para aplicações de missão crítica que exigem elevada fiabilidade e precisão. Na aviação, os sensores inteligentes monitorizam vários parâmetros, como o desempenho do motor, a integridade estrutural e as condições ambientais. Estes dados são cruciais para garantir a segurança e a eficiência das operações das aeronaves. Por exemplo, os sistemas inteligentes de controlo de voo utilizam os dados dos sensores para otimizar as trajectórias de voo, reduzir o consumo de combustível e aumentar a precisão da navegação.

No sector da defesa, a instrumentação inteligente está integrada em sistemas de armas avançados, plataformas de vigilância e veículos não tripulados. Estes sistemas dependem de dados em tempo real de sensores para a deteção, seguimento e envolvimento de alvos. Os algoritmos inteligentes processam os dados dos sensores para fornecer conhecimento da situação, avaliação de ameaças e apoio à decisão. Por exemplo, os veículos aéreos não tripulados (UAV) equipados com sensores inteligentes realizam missões de reconhecimento, recolhem informações e efectuam ataques de precisão.

6. Transportes e sector automóvel

Os sectores dos transportes e automóvel tiram partido da instrumentação inteligente para melhorar a segurança, a eficiência e a experiência do utilizador. Na indústria automóvel, os sensores inteligentes e os sistemas de controlo são parte integrante dos sistemas avançados de assistência ao condutor (ADAS) e dos veículos autónomos. Estes sistemas utilizam dados de câmaras, radar, lidar e sensores ultra-sónicos para detetar obstáculos, peões e outros veículos. Algoritmos inteligentes processam estes dados para permitir funcionalidades como o controlo de cruzeiro adaptativo, a assistência à manutenção na faixa de rodagem, a travagem automática de emergência e o estacionamento autónomo.

A instrumentação inteligente também melhora a gestão do tráfego e os sistemas de transportes públicos. Os semáforos e sensores inteligentes monitorizam o fluxo de tráfego, ajustam a temporização dos sinais e reduzem o congestionamento. Nos transportes públicos, os sistemas inteligentes de cobrança de tarifas, a contagem de passageiros e a localização de veículos em tempo real melhoram a eficiência do serviço e a experiência dos passageiros.

7. Investigação científica

Na investigação científica, a instrumentação inteligente permite medições precisas, recolha de dados e análise em várias disciplinas. Na física e na química, os sensores e instrumentos inteligentes são utilizados em experiências para medir parâmetros como a temperatura, a pressão, a intensidade da luz e as concentrações químicas. Estes dados são essenciais para compreender fenómenos fundamentais e validar modelos teóricos.

Na biologia e nas ciências da vida, a instrumentação inteligente apoia técnicas de investigação avançadas, como a genómica, a proteómica e a imagiologia celular. As plataformas de sequenciação de alto rendimento, por exemplo, dependem de sensores inteligentes para ler e processar rapidamente a informação genética. Na neurociência, a instrumentação inteligente regista e analisa a atividade neural, fornecendo informações sobre o funcionamento e as perturbações do cérebro.

Na ciência ambiental, a instrumentação inteligente é utilizada em estudos de campo para monitorizar ecossistemas, seguir a vida selvagem e avaliar as alterações ambientais. As tecnologias de deteção remota, como satélites e drones equipados com sensores inteligentes, recolhem dados sobre a utilização dos solos, a saúde da vegetação e os padrões climáticos. Esta informação apoia a investigação sobre biodiversidade, alterações climáticas e esforços de conservação.

8. Cidades inteligentes

O conceito de cidades inteligentes envolve a integração de instrumentação inteligente e tecnologia da informação para melhorar a vida urbana. As iniciativas de cidades inteligentes utilizam dados de várias fontes, incluindo sensores inteligentes, para melhorar as infra-estruturas, os serviços e a qualidade de vida. A instrumentação inteligente é utilizada em redes inteligentes, iluminação inteligente, gestão de resíduos e sistemas de segurança pública.

As redes inteligentes, como já foi referido, optimizam a distribuição e o consumo de eletricidade. Os sistemas de iluminação inteligentes utilizam sensores para ajustar a iluminação pública com base na luz ambiente e na presença de peões, reduzindo o consumo de energia. Os sistemas inteligentes de gestão de resíduos monitorizam os níveis de resíduos nos contentores e optimizam as rotas de recolha, melhorando a eficiência e reduzindo os custos operacionais. Os sistemas de segurança pública, incluindo câmaras de vigilância e sistemas de resposta a emergências, utilizam instrumentação inteligente para aumentar a segurança e responder eficazmente a incidentes.

9. Fabrico e produção

Em ambientes de fabrico e produção, a instrumentação inteligente permite a monitorização e o controlo em tempo real de vários processos. Isto inclui a monitorização de linhas de produção, controlo de qualidade e gestão de inventário. Os sensores inteligentes recolhem dados sobre o desempenho da máquina, a qualidade do produto e as condições ambientais.

Estes dados são analisados para otimizar os processos de produção, reduzir os defeitos e melhorar a eficiência global.

Por exemplo, na indústria eletrónica, a instrumentação inteligente é utilizada para o fabrico de precisão de componentes como semicondutores e placas de circuitos impressos. Na indústria alimentar e de bebidas, os sensores inteligentes monitorizam a temperatura, a humidade e as condições de higiene, garantindo a qualidade e a segurança dos produtos. Na indústria farmacêutica, a instrumentação inteligente é utilizada na produção de medicamentos e vacinas, mantendo um controlo de qualidade rigoroso e a conformidade regulamentar.

10. Telecomunicações

A indústria das telecomunicações depende da instrumentação inteligente para a gestão da rede, otimização do desempenho e deteção de falhas. Os sensores inteligentes e os sistemas de monitorização fornecem dados em tempo real sobre o tráfego da rede, a intensidade do sinal e o estado do equipamento. Esta informação é utilizada para otimizar o desempenho da rede, garantir a qualidade do serviço e detetar e resolver problemas prontamente.

Nas redes móveis, a instrumentação inteligente apoia a implementação e a gestão da infraestrutura 5G. Os sensores monitorizam as estações de base, as antenas e outros componentes da rede, garantindo um desempenho e uma cobertura ideais. Nas redes de fibra ótica, a instrumentação inteligente monitoriza a integridade do sinal e detecta falhas, minimizando o tempo de inatividade e aumentando a fiabilidade.

11. Educação e formação

A instrumentação inteligente está também a encontrar aplicações no ensino e na formação, especialmente em domínios como a engenharia, a medicina e as ciências. No ensino da engenharia, os instrumentos e simuladores inteligentes proporcionam experiências de aprendizagem prática, permitindo aos estudantes experimentar sistemas e dados do mundo real. A formação médica beneficia da instrumentação inteligente em laboratórios de simulação, onde os estudantes podem praticar procedimentos e diagnósticos utilizando modelos e sensores realistas.

No ensino científico, os instrumentos inteligentes permitem experiências precisas e a análise de dados, promovendo uma compreensão mais profunda dos princípios científicos. Os laboratórios virtuais e as plataformas de instrumentação remota permitem que estudantes e investigadores acedam e controlem instrumentos através da Internet, expandindo o acesso a recursos educativos e a oportunidades de colaboração.

12. Investigação e desenvolvimento

Na investigação e desenvolvimento (I&D), a instrumentação inteligente acelera a inovação ao fornecer medições precisas, análise de dados e controlo de processos. Os laboratórios de I&D de várias indústrias, incluindo a farmacêutica, a ciência dos materiais e a eletrónica, utilizam a instrumentação inteligente para desenvolver novos produtos, melhorar os existentes e explorar novas fronteiras científicas.

Por exemplo, na I&D farmacêutica, os instrumentos inteligentes são utilizados para a descoberta de medicamentos, o desenvolvimento de fórmulas e os ensaios clínicos. Na ciência dos materiais, os sensores inteligentes e os instrumentos analíticos caracterizam as propriedades de novos materiais, ajudando no desenvolvimento de materiais avançados com propriedades específicas. Na eletrónica, a instrumentação inteligente apoia a conceção, o ensaio e a otimização de novos componentes e dispositivos electrónicos.

Conclusão

As aplicações da instrumentação inteligente na indústria e na investigação são vastas e estão em constante expansão. Estes sistemas melhoram a precisão, a eficiência e a fiabilidade em diversos domínios, impulsionando os avanços tecnológicos e científicos. Da automação industrial aos cuidados de saúde, da monitorização ambiental à indústria aeroespacial e das cidades inteligentes às telecomunicações, a instrumentação inteligente está a transformar a forma como monitorizamos, controlamos e optimizamos sistemas complexos.

A integração da instrumentação inteligente com tecnologias emergentes, como a inteligência artificial, a aprendizagem automática e a Internet das Coisas, amplia ainda mais as suas capacidades, permitindo novas aplicações e melhorando as existentes. À medida que as indústrias e os domínios de investigação continuam a evoluir, o papel da instrumentação inteligente continuará a ser fundamental, abordando desafios, melhorando a inovação e contribuindo para um mundo mais inteligente e mais ligado.

Referências

[1] Bell, D. A. (2019). Instrumentação e medições electrónicas (3ª ed.). Oxford University Press.

[2] Webster, J. G., & Eren, H. (Eds.). (2018). Manual de medição, instrumentação e sensores (2ª ed.). CRC Press.

[3] Smith, K. M., & Goldberg, S. L. (2017). Introdução à instrumentação inteligente e suas aplicações na área da saúde. IEEE Transactions on Biomedical Engineering, 64(10), 2375-2383. https://doi.org/10.1109/TBME.2017.2719965

[4] Deters, R. J., & Vial, P. J. (2020). Avanços no processamento em tempo real para instrumentação inteligente. Em Proceedings of the IEEE International Conference on Industrial Technology (ICIT) (pp. 12-17). IEEE. https://doi.org/10.1109/ICIT.2020.00012

[5] Comissão Eletrotécnica Internacional (CEI). (2020). IEC 61784-3-1: Redes de comunicação industrial.

[6] Riviere, J. M., Bayart, M., Thiriet, J. M., Boras, A., & Robert, M. (1996). Instrumentos inteligentes: algumas abordagens de modelação. Measurement and Control, 29(6), 179-186.

[7] Chemane, L. A., Nunes, A. F., & Hancke, G. P. (1997, julho). Infraestrutura de informação industrial e instrumentação inteligente - as opções. In ISIE'97 Proceeding of the IEEE International Symposium on Industrial Electronics (Vol. 1, pp. 44-48). IEEE.

[8] Caro, D. (2016). Protocolos de comunicação de dados industriais e camadas de aplicação. Industrial Wireless Sensor Networks, 3-23.

[9] Jiang, X., Pang, Z., Luvisotto, M., Pan, F., Candell, R., & Fischione, C. (2019). Usando um grande conjunto de dados para melhorar as comunicações industriais sem fio: Latência, fiabilidade e segurança. *Revista IEEE Industrial Electronics*, *13*(1), 6-12.

[10] R. Khan, K. McLaughlin, D. Laverty e S. Sezer, "Analysis of IEEE C37.118 and IEC 61850-90-5 synchrophasor communication frameworks", IEEE Power and Energy Society General Meeting, 2016.

[11] C. Tu, X. He, X. Liu e P. Li, "Ataques cibernéticos na rede de energia baseada em PMU e contramedidas", IEEE Access, vol. 6, 2018.

yes
I want morebooks!

Buy your books fast and straightforward online - at one of world's fastest growing online book stores! Environmentally sound due to Print-on-Demand technologies.

Buy your books online at
www.morebooks.shop

Compre os seus livros mais rápido e diretamente na internet, em uma das livrarias on-line com o maior crescimento no mundo! Produção que protege o meio ambiente através das tecnologias de impressão sob demanda.

Compre os seus livros on-line em
www.morebooks.shop

Printed by Books on Demand GmbH, Norderstedt / Germany